ÉTUDE SUR LE SOUDAGE DES FERS
ET DES ACIERS

LES PLAQUES A SOUDER

J. LAFFITTE

PARIS
Imprimerie Edmond Rousset, 20, rue Turgot.
1894

ETUDE

SUR LE

SOUDAGE DES FERS ET DES ACIERS

LES PLAQUES A SOUDER J. LAFFITTE

SOMMAIRE

SOUDAGE DES FERS & ACIERS

AVANT-PROPOS

PLAQUES A SOUDER J. LAFFITTE

ESSAIS DES SOUDURES :

ESSAIS DIVERS

SOUDAGE DES FERS ET DES ACIERS

AVANT-PROPOS

Définition

Parmi les opérations que l'ouvrier doit accomplir le plus habituellement au cours de l'élaboration des pièces métalliques en fer ou en acier, la soudure tient certainement la place la plus importante. La théorie est toujours aussi simple que l'application est difficile.

Il est évidemment inutile d'insister sur les inconvénients, parfois très graves, que présente l'emploi d'une pièce mal soudée. Rien n'est plus rare, cependant, qu'une bonne soudure. Même avec le fer, dont la parfaite soudabilité n'est pas contestée, on n'obtient pas souvent des soudures irréprochables ; on en voit facilement la preuve dans les essais de chaînes de fer, où l'on constate fréquemment des désoudures. On sait, du reste, que la soudure affaiblit, dans la proportion d'un tiers à un quart, la résistance à la traction des chaînes de fer les plus soignées.

Si donc le fer, malgré sa plasticité à chaud, ne se soude pas toujours bien sur lui-même, il est certain que la soudure du fer sur l'acier, et, plus encore, l'acier sur l'acier, sera bien incertaine.

Il suffit, en effet, d'examiner de près ce qu'est une soudure, pour bien comprendre les difficultés que présente une opération si simple, en apparence.

La *soudabilité* est la propriété, que possèdent certains corps, de s'unir par la soudure, opération fréquemment appliquée dans le travail des métaux et qui consiste à rapprocher intimement deux corps de même nature, ou d'une nature différente, de façon à n'en former qu'un seul.

La soudure est dite *autogène*, lorsqu'un métal s'unit à lui-même, sans le secours d'aucun autre corps intermédiaire. La soudure des fers et des aciers est autogène; ces métaux se soudent sur eux-mêmes par pression à chaud.

Il faut, pour assurer la soudure de ces métaux ferreux, les prendre dans la période de chaleur comprise entre le ramollissement et la fusion, correspondant à la température dite de *ressuage*. Cette seule observation permet de comprendre et d'expliquer pourquoi les fers se soudent aisément, tandis que la soudure des aciers est délicate et celle de la fonte à peu près impossible.

Le fer commence à se ramollir bien avant de fondre.

L'acier dur fond bientôt après son ramollissement.

La fonte entre en fusion au rouge orangé, avant même de s'être ramollie.

Il est possible de représenter ce phénomène par trois lignes, sur lesquelles on marquera les longueurs proportionnelles aux températures qui déterminent le ramollissement et la fusion du fer, de l'acier et de la fonte.

La soudure ne sera possible que dans les parties pleines de ces lignes :

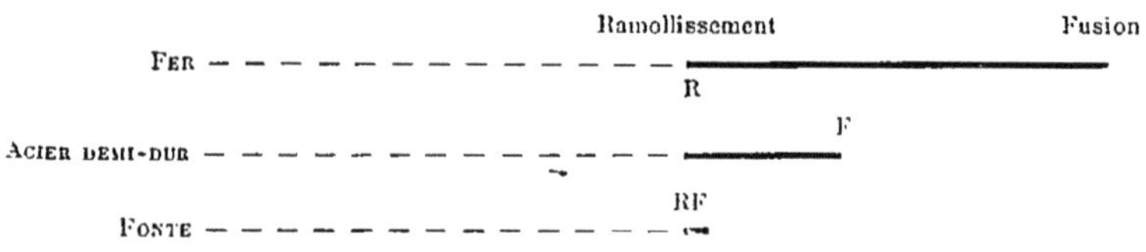

Fig. 1. — Lignes montrant la possibilité de la soudure pour le fer, l'acier et la fonte.

Desiderata

Une bonne soudure doit satisfaire aux deux conditions suivantes :

1° Unir intimement les pièces à souder ;

2° Respecter la structure du métal.

La première condition est obtenue en chauffant, jusqu'au ramollissement, les parties à souder et en les martelant ensuite fortement. De cette façon, il y a *pénétration* des molécules et une espèce de *feutrage* des parties rapprochées. Ce feutrage, qui assure la réussite de la soudure, est mis en évidence par l'immersion de barrettes soudées dans un bain d'acide. On emploie, à cet effet, de l'acide sulfurique, étendu de cinq fois son volume d'eau et on laisse séjourner les barrettes soudées pendant quelques heures dans ce liquide. Lorsqu'on les retire, on aperçoit, en relief, la trace des amorces moins attaquée par l'acide que le reste du métal. Ce qui montre bien qu'il y a eu pénétration des parties soudées, en sorte que le métal est plus compact en ces parties foutrées et résiste mieux à l'action dissolvante des acides.

La deuxième condition est aussi importante que la première, car il serait illusoire d'affirmer, et même de prouver que l'on a obtenu une soudure parfaite, si, dans le cours du travail, on a altéré le métal au point de lui faire perdre les qualités principales que l'on recherche dans ses emplois à chaud et à froid.

Il arrive parfois qu'en essayant de plier à chaud les barres soudées, dans la partie soudée, on détermine une rupture dans les régions voisines qui n'ont pas été martelées. D'autres fois on constate, par l'examen de la cassure à froid, que le métal est devenu à très gros grains; c'est le caractère d'un métal brûlé. Dans ces circonstances, l'altération du métal fait perdre tous les bénéfices d'une bonne soudure.

Difficultés d'un bon chauffage des parties à souder

Dans bien des cas, les surfaces à souder sont difficilement accessibles ; il est, par conséquent, malaisé de les chauffer régulièrement à la température exigée pour la soudure ; d'autres fois, les pièces que l'on se propose de souder présentent de grandes surfaces de soudure. Dans un cas comme dans l'autre, on éprouve bien des difficultés pour opérer avec certitude.

Si l'on chauffe trop peu, on n'obtient qu'une soudure illusoire, et si l'on chauffe de trop, on brûle le métal et on le dénature, de telle sorte que la pièce soudée ne présente plus aucune garantie de solidité.

Emploi des fondants

Il est donc certain qu'un procédé pouvant permettre d'abaisser la température à laquelle s'opère la soudure, sans nuire à la perfection de celle-ci, rendra les plus grands services et assurera :

1° Economie de combustible ;
2° Economie de temps;
3° Plus grande facilité pour le travail ;
4° Sécurité parfaite.

Dans le but de réaliser ces notables améliorations, on a essayé l'emploi de diverses poudres à souder, à base de borax, qui ont donné d'assez bons résultats.

Ces poudres sont appliquées à chaud sur les parties à souder ; le borax forme avec les oxydes métalliques, qui se produisent inévitablement pendant le chauffage des amorces, un borate de fer fusible, qui prend naissance avec dégagement de chaleur.

Le martelage aidant, on obtient un ramollissement local, grâce auquel on peut réussir la soudure, grâce aussi au décapage parfait effectué par le borax qui dissout les oxydes et laisse des surfaces d'une netteté parfaite.

Il est intéressant de remarquer que les forgerons emploient, depuis longtemps, le sable et l'argile, pour former à la surface des pièces chauffées, un enduit qui les protège de l'oxydation.

Inconvénients inhérents à l'emploi des poudres à souder.

L'emploi des poudres à souder n'est pas toujours facile; il est malaisé de déposer la poudre en couche uniforme sur des amorces parfois très étroites, fortement inclinées et très souvent d'un accès mal commode, ainsi que cela se présente quand il s'agit de souder de grandes surfaces déjà rapprochées par le martelage, notamment pour la fabrication des viroles et des chaudières.

De la répartition difficile et imparfaite de la poudre à souder résultent trois inconvénients :

1° Perte notable de poudre;

2° Echec possible, par suite du manque de poudre dans certaines portions des surfaces à souder;

3° Perte de temps.

Les considérations qui précèdent montrent, d'un côté, que l'utilisation des fondants pour faciliter la soudure est certainement très avantageuse; d'un autre coté, que l'emploi des fondants pulvérulents n'est pas exempt d'inconvénients d'une certaine gravité.

Il reste à démontrer maintenant comment le problème de la soudure des fers et des aciers a été résolu d'une façon définitive par l'application des plaques à souder, inventées par M. J. Laffitte.

PLAQUES A SOUDER J. LAFFITTE

Objet de l'invention.

Fixer le borax fondu sur un support métallique assez rigide et ne nuisant aucunement par lui-même à la soudure, la favorisant même dans une certaine mesure, tel a été le but des persévérantes recherches de M. J. Laffitte, qui a choisi, comme support, la toile métallique de fil de fer.

En principe, la plaque à souder de M. J. Laffitte est composée d'une toile métallique en fil de fer ou d'acier à réseau lâche, enduite sur ses deux faces d'une couche de borax fondu à laquelle la toile sert de support. On se trouve ainsi en présence d'une plaque rigide, offrant une épaisseur de deux à trois millimètres, que l'on peut découper facilement à la main, à la tranche ou avec une cisaille de ferblantier, ou bien que l'on obtient par le laminage de la matière elle-même avec de la limaille de fer.

Mode d'emploi.

Les pièces à souder sont amorcées et préparées comme à l'ordinaire.

Qu'il soit permis à l'auteur de ces lignes de rappeler ici qu'un *bon amorçage* est toujours un gage de bonne soudure, quelles que soient la nature du métal que l'on travaille et le genre de soudure que l'on se propose d'employer.

Il ne faut donc pas craindre de préparer de robustes amorces; on se trouve bien, dans la pratique, de l'amorçage indiqué par le croquis *A* ci-dessous, les bouts

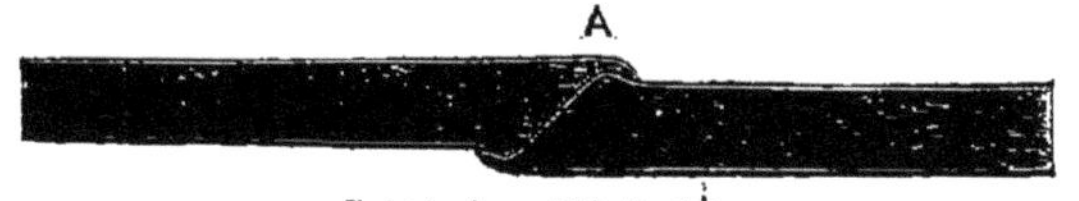

Croquis A. — Echelle 1/5.

des amorces sont relevés en forme de crochets, qui emboîtent exactement le renflement de l'amorce opposée, de telle sorte que l'on évite le glissement qui se produit parfois pendant le martelage et qui nuit beaucoup à la réussite de la soudure.

Quand il s'agit de souder une pièce métallique par superposition à plat, on découpe un morceau de plaque à souder, ayant à peu près les dimensions des surfaces à joindre ; on met la pièce au feu et on la retire à la température du rouge cerise ; on intercale le morceau *C* de plaque à souder entre les parties *B*, *B'*

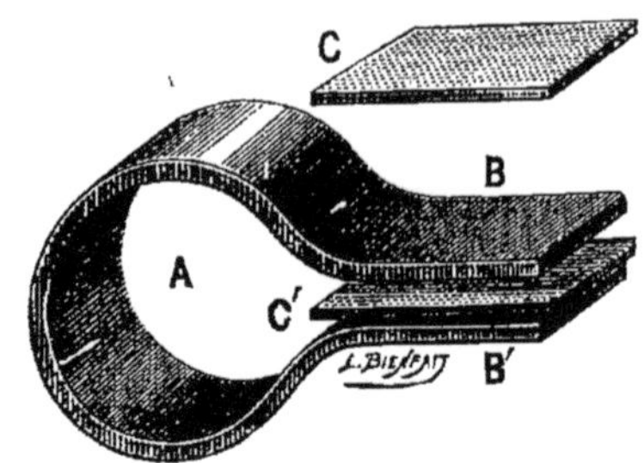

Fig. 2.

(fig. 2) et on donne quelques petits coups de marteau pour assurer une adhérence suffisante qui est facilitée par la fusion du borax.

On porte la pièce au feu et on donne une bonne chaude, suivie d'un martelage énergique, ainsi que cela se pratique dans la soudure ordinaire sans amorces; on peut donner une deuxième chaude, pour parer la pièce, si on le juge convenable

Il existe cependant, entre ce mode de soudure et la soudure sans plaque, quelques différences qu'il importe de signaler.

Tout d'abord, il est inutile de trop se presser pour faire le martelage ; le forgeron peut prendre tout le temps qui lui est nécessaire pour travailler sans précipitation ; on évite ainsi les mouvements trop brusques et mal assurés qui font manquer tant de soudures quand on ne fait pas usage des plaques ; ensuite, on peut et on doit opérer à des températures relativement basses et qui sont :

Le blanc pâle pour les fers ;

Le jaune orange pour soudure de l'acier sur l'acier, ou du fer sur l'acier.

Nota. — Telle est la règle générale qu'il convient de suivre pour l'emploi des plaques. Il existe bien des cas particuliers pour lesquels il n'est pas possible de fixer de règle ; plusieurs de ces cas seront examinés un peu plus loin ; quant aux autres, le forgeron, appuyé sur son expérience et guidé par le souci de bien faire et de travailler économiquement, les résoudra facilement quand ils se présenteront à lui.

Rôle de la Toile Métallique.

Dans les plaques de M. J. Laffitte, la toile métallique joue un triple rôle.

1° Elle sert de support au borax fondu, ce qui permet d'employer cette substance en quantité parfaitement et régulièrement déterminée.

2° Elle donne à la plaque une rigidité suffisante, pour que l'on puisse la glisser entre des amorces de toute nature.

3° Elle sert de *ciment métallique* entre les parties à souder : les filaments métalliques s'incrustent dans les amorces ramollies et contribuent pour beaucoup à assurer ce feutrage, qui caractérise les bonnes soudures.

Pour les pièces de forte épaisseur, on prépare des plaques à *double et triple support*, c'est-à-dire formées de deux ou trois toiles métalliques noyées dans le borax fondu.

On peut également, suivant les besoins, employer comme supports des toiles métalliques à fils de diamètre plus ou moins gros ; c'est un moyen de proportionner la force de la plaque aux dimensions des pièces à souder.

Avantage de l'emploi des plaques.

La facilité que procure l'emploi des plaques n'est pas douteuse pour quiconque les a essayées ; elle résulte du mode d'emploi décrit ci-dessus ; elle ressortira mieux encore des cas particuliers qui seront signalés.

Il importe de montrer que les soudures faites par ce moyen sont au-dessus de tout reproche et qu'elles présentent une parfaite sécurité ; à cet effet, on a exécuté une série d'expériences, qui seront relatées ici avec croquis et détails explicatifs.

Nota. — La plupart des expériences ont porté sur l'acier, dont la soudure offre beaucoup plus de difficultés que celle du fer. Cependant, plusieurs essais ont été faits, en soudant du fer sur de l'acier ou *vice versa*.

A. — ESSAIS DES SOUDURES

A. — Par le pliage à chaud.

Pratique de l'essai : Deux barrettes de dimensions convenables sont amorcées et soudées, avec interposition de plaque Laffitte, en une ou deux chaudes, de manière à ne former qu'une seule éprouvette que l'on replie au rouge sur elle-même, dans la partie soudée.

Si la soudure est bien faite, le métal de bonne qualité, le pliage à bloc est obtenu sans criques ni décollement des amorces qui sont invisibles.

Avec des soudures assez bonnes ou passables, les amorces commencent à se séparer.

Enfin, si la soudure est tout à fait manquée, les amorces se séparent complètement.

Il arrive parfois que, dans cet essai de pliage, la barrette casse brusquement dans la soudure même ou dans les parties voisines : un tel métal, quoique soudable, craint le feu ; la chaleur blanche le dénature ; il doit être soudé au jaune avec la plaque à souder.

Premier essai. — On a d'abord opéré avec du métal extra-doux (qui sera désigné par ED), présentant les caractères suivants :

Résistance à la rupture, 36 à 38 kilos par millimètre carré, allongement, 30 0/0.

La composition chimique était	Manganèse	0,650
	Carbone	0,180
	Soufre	0,055
	Phosphore	0,025
	Silicium	0,030
	Fer	99,060
		100,000

Les barrettes soumises aux essais avaient été découpées dans des tôles de 12 millimètres d'épaisseur. Elles avaient une longueur de 200 millimètres et une largeur de 40 millimètres. (Voir fig. 3.)

Les éprouvettes ont été convenablement amorcées, soudées en une chaude et la barrette obtenue a été aussitôt pliée dans la soudure, à la température du

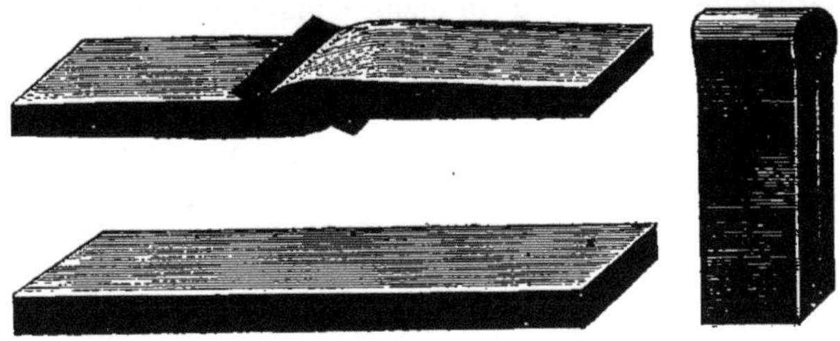

Fig. 3. — Echelle 1/5.

rouge cerise clair. On n'a pas observé la moindre apparence de désoudures; les amorces étaient invisibles.

Deuxième essai. — Le même essai a été fait ensuite avec du métal demi-doux (désigné par 1/2 D) et présentant les propriétés suivantes :

Résistance à la rupture, 45 kilos; allongement, 25 0/0.

Composition chimique	Manganèse	0,950
	Carbone	0,230
	Soufre	0,057
	Phosphore	0,030
	Silicium	0,040
	Fer	98,693
		100,000

La soudure n'a présenté aucune difficulté, et les essais n'ont montré qu'une désoudure insignifiante du bout de l'amorce extérieure qui s'est soulevé.

Troisième essai. — Enfin, on a tenté la même expérience avec du métal présentant la dureté de l'acier à rails (désigné par DR). Résistance, 73 kilos; allongement, 12,5 0/0.

Composition chimique	Manganèse	0,750
	Carbone	0,640
	Soufre	0,045
	Phosphore	0,083
	Silicium	0,080
	Fer	98,402
		100,000

Ainsi que le montre la figure 4, on a pris des barrettes à section carrée de 20 millimètres de côté. Le métal s'est parfaitement soudé, avec la plaque Laffitte, en deux chaudes : une au rouge cerise pour placer la plaque sur l'amorce, et la deuxième au rouge vif pour souder.

On a plié la barrette dans la soudure, puis on l'a redressée et repliée en sens inverse jusqu'à bloc ; le tout a été fait de la même chaude, sans observer de criques ni de désoudures.

Nota. — Le forgeron qui faisait ces essais ne connaissait pas les plaques de M. Laffitte. Surpris de voir que la soudure de ce métal était aussi facile, il a voulu essayer de le souder *sans plaque*. Il a donc chauffé le bout d'une barrette pour la replier comme le montre le croquis (fig. 5).

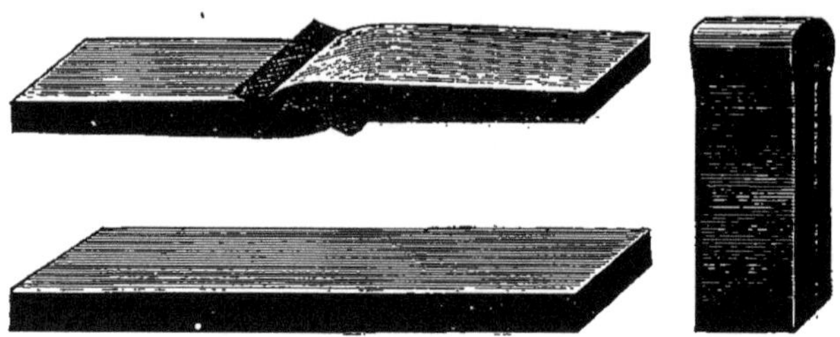

Fig. 4. — Echelle 1/5.

Il a donné ensuite une bonne chaude au blanc et a martelé, comme pour souder. Le métal est tombé *en terre* sous le marteau. Cet acier est donc complètement dénaturé à la température du blanc, nécessaire pour effectuer la soudure, tandis qu'il peut aisément être soudé au rouge vif, *sans altération*, avec la plaque Laffitte, ainsi que le montre le troisième essai ci-dessus.

B. — Essais de Contre-Forgeage

Ces essais ont porté sur le métal demi-doux (1/2 D).

Une barrette carrée de 25 millimètres de côté et 400 millimètres de longueur a été soudée à chaude portée à l'une de ses extrémités. De la même chaude, elle a été ensuite contre-forgée, c'est-à-dire martelée, en frappant à contre-sens de la soudure, jusqu'à l'épaisseur de 10 à 12 millimètres, sans que l'on ait découvert de défauts, ainsi que le montrent les figures 6 et 7.

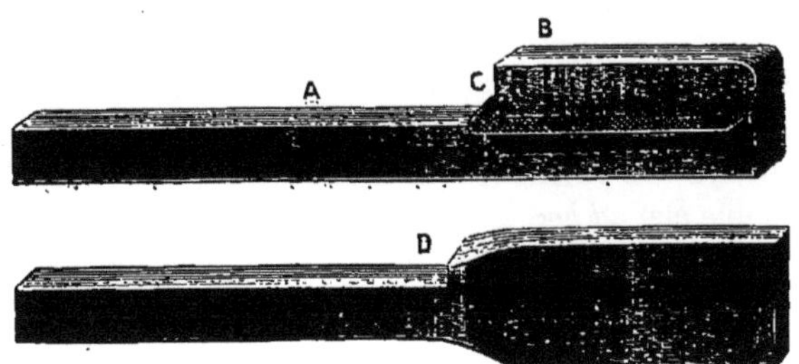

Fig. 5, 6 et 7. — Barrette soudée et barrette contre-forgée. — Echelle 1/5.

On a enfin tenté de désouder la barrette, à froid, en introduisant un coin en *D*, et en forçant le métal ; on a obtenu de la sorte un arrachement fibreux, sans apercevoir la trace des amorces.

C. — Essais de perçage d'un trou à chaud dans la soudure

On a soudé à plat, à chaude portée, deux barrettes de tôle dans toute leur longueur. Le métal employé était de l'acier demi-doux (1/2 D). La soudure n'a pas présenté de défectuosités.

Les barrettes soudées avaient chacune 10 millimètres d'épaisseur ; on a percé dans la soudure même, au rouge vif, un trou avec un poinçon, et ce trou a été agrandi au mandrin, jusqu'à présenter un diamètre de 20 millimètres. Le métal avoisinant les parties soudées s'est allongé considérablement à chaud, *sans disjoindre* les parties soudées, ainsi que le montrent les croquis de la figure 8.

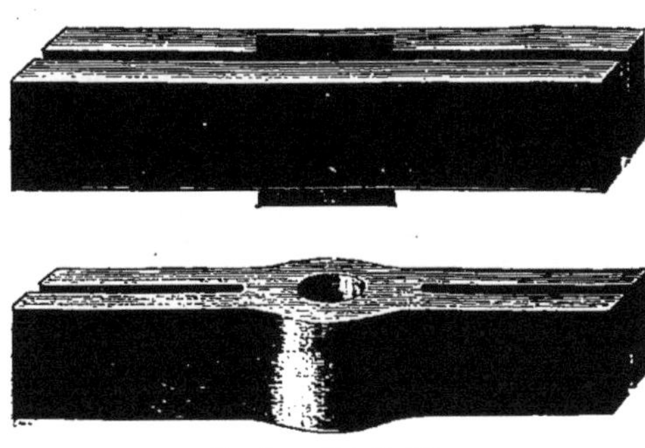

Fig. 8. — Echelle 1/5.

D. — Essais par torsion à chaud

Deux barrettes, présentant une section carrée de 20 millimètres de côté, sont soudées par amorces croisées ; la partie soudée est réchauffée au rouge et tordue à chaud, en prenant une des extrémités de la barrette dans les machoires d'un étau et l'autre dans une clef *ad hoc*. Le nombre des circonférences que l'on peut faire décrire à la barrette est une excellente indication du degré de perfection de la soudure.

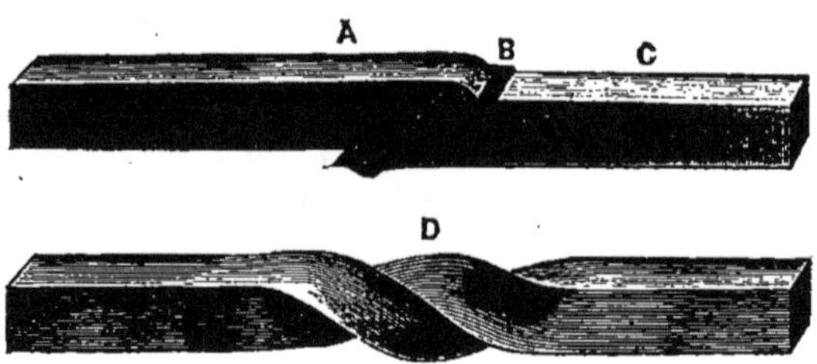

Fig. 9. — Echelle 1/5.

Il importe, dans cet essai, que les bouts des barrettes soient parfaitement soudés.

Si, à la première chaude, ces bouts paraissent incomplètement soudés, on les soulève légèrement à la tranche, on insinue un petit morceau de plaque en *B* et on referme d'un faible coup de marteau. Il suffit de donner une nouvelle chaude pour faire disparaître cette nouvelle imperfection. (Voir fig. 9.)

Les essais de torsion à chaud ont été exécutés sur le métal dur à rails (DR). La barrette éprouvée a très bien supporté trois torsions sans désoudures.

E. — Essai de cassure à froid

Deux barrettes d'acier extra-doux carrées, de 20 millimètres de côté, ont été soudées en deux chaudes. Après refroidissement, la barrette a été entaillée dans

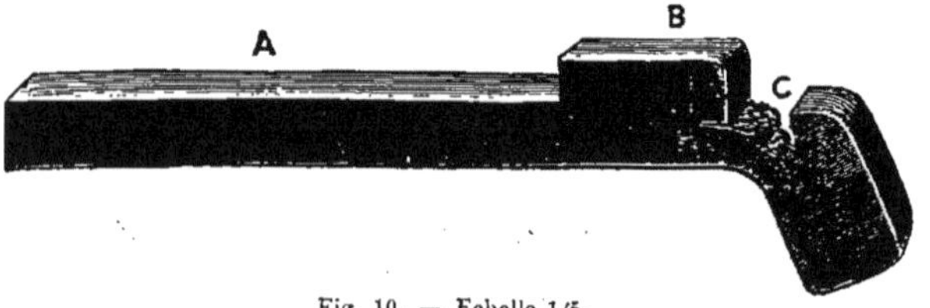

Fig. 10. — Echelle 1/5.

la partie soudée, et on a déterminé la rupture, qui s'est produite en montrant une cassure nerveuse, avec une légère apparence des amorces dont la partie visible était parfaitement décapée. (Voir fig. 10.)

F. — Essai de cassure à froid après trempe

Le même essai que ci-dessus a été répété sur des barrettes carrées de 20 millimètres de côté en acier 1/2 D. La soudure a été bien réussie. L'éprouvette soudée a été réchauffée au rouge cerise, trempée dans l'eau froide, puis entaillée et cassée dans la soudure sans laisser paraître les amorces.

G. — Attaque aux acides

Ces essais ont été pratiqués sur plusieurs éprouvettes soudées avec la plaque Laffitte, tournées à 16 millimètres de diamètre et cassées par traction. Lesdites éprouvettes ont été lavées à l'éther, pour enlever les matières grasses, puis immergées dans un bain d'acide sulfurique étendu d'eau (1 partie d'acide pour 5 d'eau); on les a maintenues dans ce liquide pendant cinq heures. Quand on les a retirées, on les a lavées soigneusement à grande eau, et on a observé que les traces des amorces étaient révélées par l'attaque du métal. La ligne des amorces ressortait nettement.

L'acide n'a pas pénétré dans les amorces, ce qui prouve leur parfaite adhérence.

Nota. — Le même essai a été exécuté simultanément sur des barrettes soudées sans plaque; il a donné révélation des traces des amorces, comme pour les éprouvettes soudées avec plaques.

Une éprouvette d'acier dur, soudée au blanc sans plaque et brûlée, a montré des traces très épaisses pour les amorces; on distinguait une pénétration mutuelle très profonde des amorces sous l'action du martelage du métal demi-fondu. D'ailleurs, aux essais de traction, l'éprouvette en question a donné de piteux résultats de résistance et d'allongement. (Voir le tableau *C* de la page 18.)

H. — Essais de traction

De tous les essais pratiqués à froid, pour apprécier le degré de perfection des soudures, les essais de traction sont certainement les plus intéressants et les plus probants, car ils donnent une mesure numérique de la réussite de la soudure.

On sait que ces épreuves consistent à soumettre des barrettes, de forme et de section bien déterminées, à un effort continu de traction qui s'exerce suivant l'axe des barrettes dont l'une des extrémités est fixe, et l'autre solidaire de la force qui agit par traction.

On obtient de la sorte la résistance totale de la barrette à l'effort de rupture, et l'on en déduit la résistance par millimètre carré de la section.

Comme on a eu soin de mesurer avant l'épreuve, sur la barrette, une longueur de 100 millimètres marquée par deux coups de pointeau, on peut mesurer, après l'essai, l'allongement correspondant à la rupture de la barrette sous l'effort de rupture.

On détermine donc ainsi la résistance à la rupture par millimètre carré et l'allongement pour cent.

Parmi les nombreux essais de traction qui ont été faits sur des barrettes de fer, d'acier doux, d'acier dur, soudées fer sur fer, fer sur acier et acier sur acier, avec les plaques Laffitte, on relevera ici quelques résultats obtenus.

1° Au port de guerre de Cherbourg, en opérant sur des tôles de 11 et 8 millimètres d'épaisseur. (Tableau A.)

2° A l'arsenal de Toulon, sur des éprouvettes de différente nature. (Tableau B.)

Tableau A.

Essais de soudures sur tôles de fer et d'acier faits à Cherbourg

DÉSIGNATION DU MÉTAL	Numéros des barrettes	CHARGE DE RUPTURE			ALLONGEMENT %		
		Barrettes non soudées	Soudure ordinaire	Soudure J. Laffitte	Barrettes non soudées	Soudure ordinaire	Soudure J. Laffitte
		k.	k.	k.			
TOLE FINE de 11 millimètres	1	32.23	26.77	**30.69**	23.50	5 50	**13.00**
	2	33.57	32.21	**34.51**	25 00	12.00	**20 00**
TOLE D'ACIER DOUX de 8 millimètres	3	44.40	38.18	**43 24**	21.00	4.50	**10 00**
	4	41.88	35.11	**39.79**	25.50	3.00	**6.50**

Malgré la faiblesse de quelques résultats, le tableau A montre que la soudure exécutée avec la plaque Laffitte est supérieure *dans tous les cas* à la soudure ordinaire sans plaque.

Tableau B.

Essais de soudure du fer et de l'acier, faits à l'arsenal de Toulon.

DESIGNATION DU METAL	Numéros des barrettes.	CHARGE DE RUPTURE			ALLONGEMENT 0/0		
		Barrettes non soudées	Soudure ordinaire	Soudure LAFFITTE	Barrettes non soudées	Soudure ordinaire	Soudure LAFFITTE
Fer avec fer.	1	34.252	31.605	**34.425**(1)	16.33	9.66	**14.33**
Fer avec acier poule . .	2	»	30.942	**32.074**	»	4.00	**4 00**
Acier avec acier poule .	3	53.478	50.787	**56.609**	2.00	1.00	**2.00**
Fer avec acier fondu. .	4		30.051	**34.254**	»	3.25	**9.05**
Acier fondu avec acier fondu	5	67 984	65.218	**73.253**	5.625	3.00	**5.00**

L'examen du tableau B permet de constater que les éprouvettes soudées avec les plaques Laffitte ont donné d'aussi bons résultats que les barrettes non soudées.

Des essais analogues ont été faits à Saint-Chamond, à Lorient, à Ruelle, ainsi qu'aux mines de Blanzy et ils ont donné des résultats aussi probants.

Le tableau C présente une série de résultats obtenus tout récemment dans une grande usine métallurgique, ainsi qu'au laboratoire des Arts et Métiers de Paris, et qui ont porté sur de l'acier obtenu au four Martin-Siemens à sole basique; on sait que les emplois de ce métal se répandent beaucoup; c'est ce qui justifie le choix qui en a été fait.

Les éprouvettes ont été soudées par un forgeron qui employait pour la première fois les plaques Laffitte. En général, les résultats obtenus approchent de la perfection, qu'ils atteignent parfois; ils permettent de prévoir qu'avec un peu plus de pratique, les éprouvettes soudées se comporteraient toujours aussi bien

---

(1) Dans les essais relatés (tableau B), les éprouvettes soudées avec les plaques Laffitte ont donné des résistances à la rupture supérieures à celles des barrettes non soudées.

Cela provient de ce que l'opération de soudage réalise un corroyage énergique du métal, qui se trouve aussi quelquefois écroui.

Les barrettes soudées devraient toujours être soigneusement recuites avant d'être essayées à la traction.

que les barrettes non soudées, et toujours mieux que les barrettes soudées sans plaque.

Il importe de préciser nettement les conditions de ces essais.

Les barrettes soudées étaient des ronds ou carrés de 20 millimètres de diamètre ou de côté; après soudage, elles ont été tournées à 16 millimètres de diamètre sur une longueur utile de 100 millimètres marqués entre repères.

Toutes les barrettes ont été uniformément recuites avant d'être tournées; à cet effet, elles ont été chauffées au rouge vif, pour les laisser ensuite refroidir sous la cendre.

Les soudures avec les plaques Laffitte ont été faites au blanc naissant; les soudures sans plaques ont été pratiquées au blanc étincelant.

Les éprouvettes avec ou sans plaque ont été soudées par amorces croisées, avec de robustes amorces permettant un bon martelage.

Tableau C.

Essai de traction sur éprouvettes diverses.

DÉSIGNATION DU MÉTAL	Charge de rupture			Allongement %			PRINCIPAUX ÉLÉMENTS de la composition chimique				
	Barrettes non soudées	Soudure ordinaire	Soudure Laffitte	Barrettes non soudées	Soudure ordinaire	Soudure Laffitte	Manganèse %	Carbone %	Soufre %	Phosphore %	Silicium %
	k.	k.	k.								
Acier basique extra-doux ou fer fondu: carrés de 20 m/m, tournés à 16 m/m	34.8	» »	34.8	33.0	» »	33.00	0.510	0.180	0.060	0.010	0.014
D, après soudure, ...	35.3	» »	35.0	35.0	» »	29.50	0.510	0.180	0.060	0.010	0.014
Acier basique très doux: ronds de 20 m/m, D, tournés à 16 m/m, D, après soudure	37 0	» »	36.6	32.5	» »	32.00	0.560	0.200	0.040	0.023	0.014
Acier basique très doux: carrés de 20 m/m; tournés à 16 m/m, D, après soudure	38.0	37.1	38.5	32.0	34.5	31.00	0.650	0.190	0.0[illegible]5	0.025	0.030
Acier basique demi-doux : carrés de 20 m/m, tournés à 16 m/m, après soudure.	47.3	33.6	46.2	27.0	10.5	23.00	0.950	0.230	0.057	0.030	0.040
Acier dur : carrés de 20 m/m, tournés à 16 m/m, après soudure.	70.0	55.9	63.6 (¹) 68 0	15.2	2.50	10 00 11.6 (¹)	1.350	0.450	0.045	0.083	0.080
Aciers durs à burins (1). . . .	88.0		84.5	3.60		1.55					

(1) Essais faits au Conservatoire des Arts et Métiers à Paris.

L'examen du tableau C permet de tirer les conclusions suivantes :

1° Le métal extra-doux, ou très doux, se soude parfaitement avec ou sans plaque Laffitte. Il est cependant utile d'observer que par l'emploi des plaques, on peut souder au blanc pâle, tandis qu'il faut atteindre le blanc étincelant pour souder sans plaques.

L'usage de la plaque présente donc plus de sécurité, car il écarte toute crainte de dénaturalisation du métal au cours des opérations de soudage.

2° Le métal demi-doux est très bien soudé avec la plaque Laffitte ; il ne l'est que très imparfaitement sans plaque.

3° Le métal dur (qualité pour rails) est bien soudé avec les plaques Laffitte ; il est mal soudé sans plaque.

En résumé, les essais de traction confirment pleinement ce qu'avaient fait prévoir les autres essais à chaud et à froid, concernant la parfaite efficacité des plaques Laffitte.

Il convient maintenant de rendre compte de divers autres essais se rapportant à des cas particuliers, qui se présentent fréquemment dans les ateliers de forgeage et de réparations.

ESSAIS DIVERS

Soudure d'un bandage de roue

Depuis une dizaine d'années, les aciéries fournissent au commerce des bandages en acier doux basique, pour remplacer les bandages de fer. La soudure de ces aciers doux se présente donc très fréquemment dans le travail courant des maréchaux et forgerons.

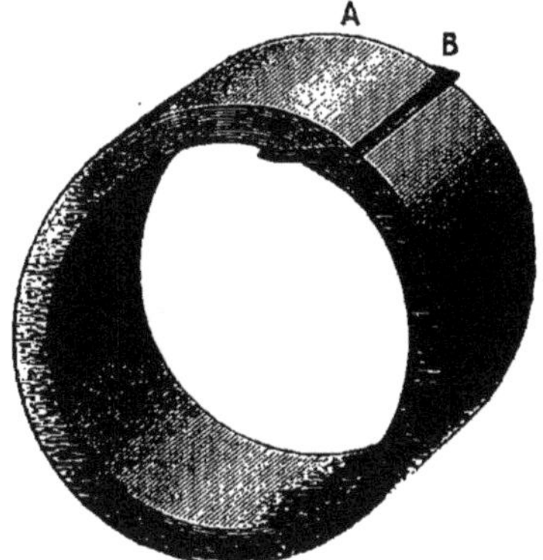

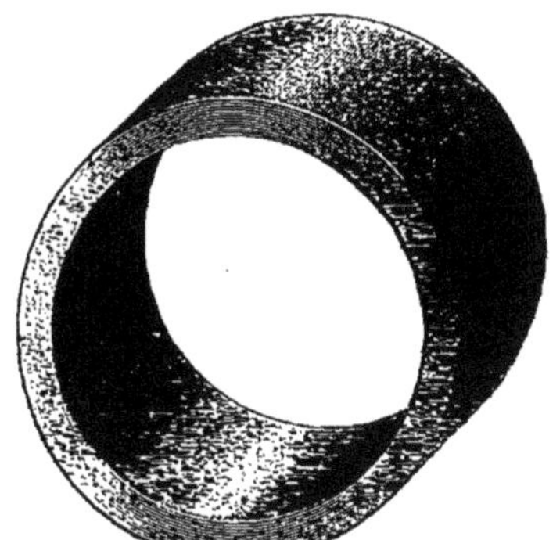

Fig. 11 et 11 *bis*. — Echelle 1/10.

Ces aciers peuvent être soudés sans plaques. Néanmoins, l'usage de la plaque est très recommandable, car il permet aux forgerons d'opérer en une chaude, sans avoir la crainte de dénaturer le métal par un coup de feu trop vif. En outre, il peut, en opérant ainsi, conserver au bandage, dans la partie soudée, sa section primitive, au lieu de la diminuer notablement, comme il le fait inévitablement avec le travail de la soudure sans plaque.

La figure 11 montre un bandage soudé. La figure 11 *bis* présente, à une échelle assez forte, la disposition des amorces. Au rouge vif, entre les parties convenablement amorcées, on glisse un bout de plaque, on martèle légèrement, puis on donne une bonne chaude et on soude au blanc naissant.

Encollage fer sur acier

On sait en quoi consiste l'encollage et comment il se pratique :

On commence par découper, dans la plaque Laffitte *C*, un morceau de dimensions au moins égales à la surface de jonction des pièces *A* et *B*; on met ces deux pièces au feu en même temps.

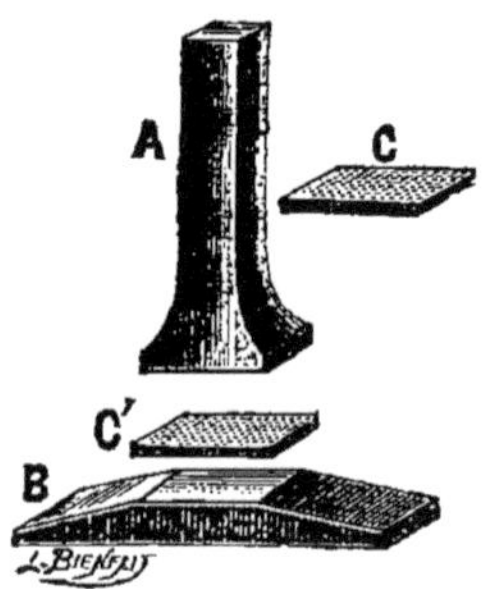

Fig. 12. — Echelle 1/5.

Puis, lorsque la pièce *B* atteint la température du rouge blanc pâle, on la retire du feu, on la pose sur l'enclume et on applique la plaque *C'* sur la surface à souder. (Voir fig. 12.)

A ce moment, on retire du feu la pièce *A*, devant avoir atteint la température du blanc légèrement ressuant; on pose la pièce *A* par-dessus la plaque *C'*, en appuyant légèrement, jusqu'à ce que la plaque Laffitte entre en fusion.

Alors on frappe légèrement, pour bien faciliter un commencement d'adhérence, sans déplacement de jonction et on continue l'opération en frappant et en forgeant comme d'usage.

Dans l'expérience suivante, on a encollé un rond de fer ordinaire de 20 millimètres de diamètres sur une barrette d'acier demi-doux de 50 millimètres de largeur et de 8 millimètres d'épaisseur.

Le rondin a été chauffé et refoulé, puis on a opéré comme il est indiqué ci-dessus. Après encollage, on a plié le rondin à chaud. Puis à froid, on a essayé de dessouder la barrette d'acier; mais au lieu de s'arracher, celle-ci s'est rompue assez loin de la base du rondin. (Voir fig. 13.)

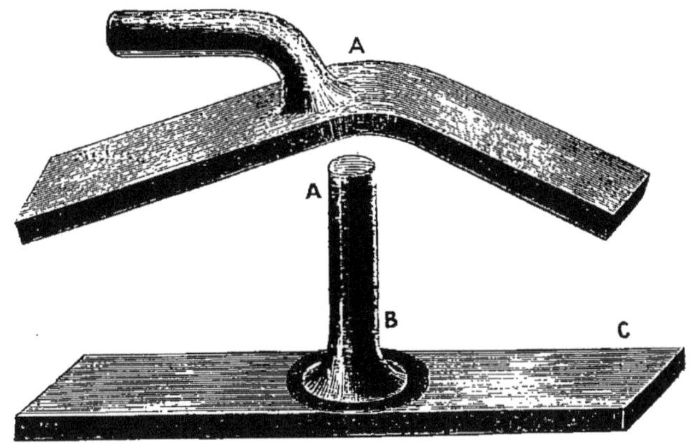

Fig. 13. — Echelle 1/5.

On a fait, en outre, un essai de pliage à froid après entaille dans l'acier, pour vérifier sa texture, qu'on a trouvée nerveuse.

Essais des forges d'Hellemmes

A titre de renseignements complémentaires, relatifs aux essais divers de soudure pratiqués avec les plaques Laffitte, on trouvera ci-dessous une copie du procès-verbal des essais qui ont été faits aux forges d'Hellemmes, appartenant à la Compagnie des Chemins de fer du Nord.

PROCÈS-VERBAL D'ESSAI

DES PLAQUES A SOUDER LES FERS ET LES ACIERS

Par le procédé **J. LAFFITTE**

CHEMIN DE FER

DU NORD

J. LAFFITTE

102, Avenue Parmentier, 102

PARIS

Les plaques de **M. LAFFITTE** sont destinées à remplacer les poudres à souder, sur lesquelles elles ont l'avantage de permettre une répartition égale et instantanée sur les surfaces, quelles que soient leurs formes et leurs positions.

Ces plaques sont formées d'une toile métallique, enduite de la matière composée. On les découpe facilement à la forme et aux dimensions voulues.

Voici les résultats qui ont été obtenus aux forges d'Hellemmes. Les expériences ont été conduites par M. J. LAFFITTE et ont porté sur des soudures de fer sur fer et fer sur acier, à la température orangé clair, c'est-à-dire un peu moins chaud que blanc :

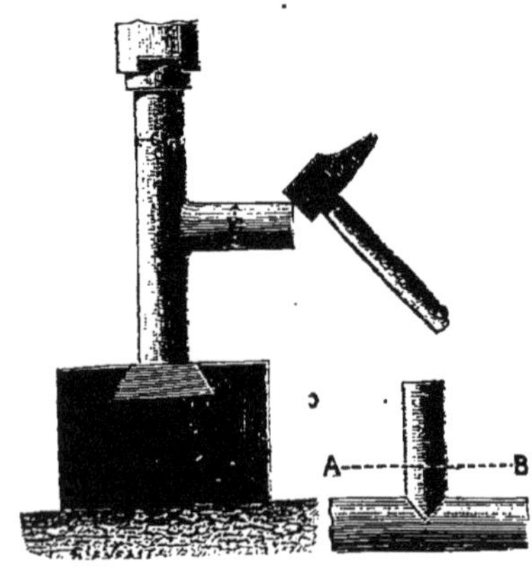

1re EXPÉRIENCE. — Encollage fer sur fer

Soudure d'un levier sur un arbre.

L'arbre était supposé fini d'ajustage et n'a pas été chauffé au-delà du rouge cerise clair pour ne pas l'endommager.

Le levier à rapporter a été chauffé légèrement suant. La soudure a été faite d'une seule chaude et n'a laissé aucune trace d'amorce.

A l'essai, la rupture s'est produite en *A B*, à 20 millimètres du corps de l'arbre, c'est-à-dire en dehors de la soudure.

DEUXIÈME EXPÉRIENCE. — Soudure par amorce ou à chaude portée

Fer sur acier

Soudure d'une tête de bielle en acier sur un corps de bielle en fer.

Il s'agissait de sauver une tête de bielle rompue en service, tout-à-fait dans le congé, suivant la ligne *A B* du croquis. D'autre part, une soudure ordinaire n'était pas possible et la tête de bielle devait être mise au rebut.

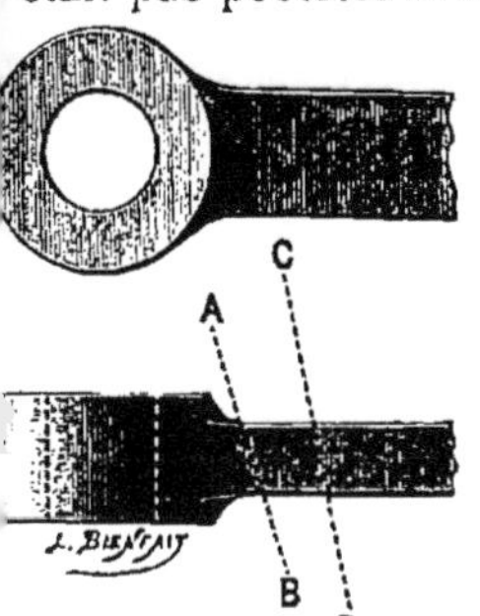

La tête de bielle a été chauffée au rouge clair; le corps de bielle en fer au blanc légèrement ressuant.

La soudure a été faite en deux chaudes, mais il restait quelques traces d'amorce.

La pièce a été sacrifiée pour se rendre compte de la soudure. La rupture, provoquée par plusieurs coups de pilon, s'est produite en *C D*, complètement en dehors de la soudure.

Ce résultat est très satisfaisant.

TROISIÈME EXPÉRIENCE. — Soudure d'une bague sur la portée de calage d'une manivelle motrice mise au rebut pour décalage en service.

Le croquis *A* montre la pièce avant l'opération, consistant dans le renflement de la partie *D*. Le croquis *B* indique la coupe de la bague *F*. C'est dans le but de ménager en *CC* un cordon pour la rivure sur le corps de la roue, qu'on a donné à la bague la forme conique et que la partie de calage a été coupée aussi en cône sur le tour. La bague ouverte a été forgée avec un massiau étivé au pilon et posée à blanc sur la manivelle chauffée à l'orangé clair. Les plaques Laffitte ont été interposées, puis le tout remis au feu.

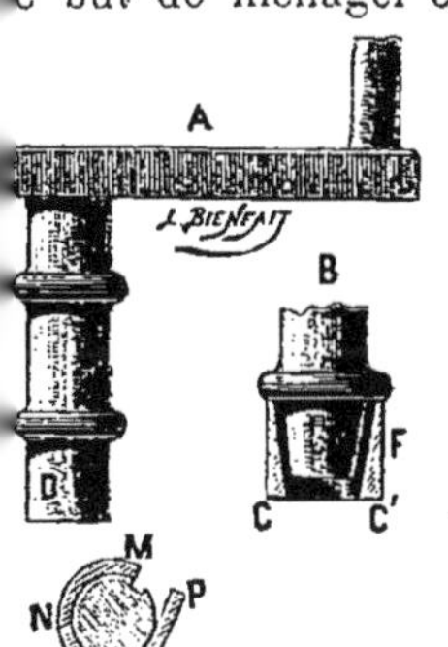

En deux chaudes données au pilon et avec des étampes, la soudure faite en marchant de *M* en *NOP* a été complète.

Pour s'en assurer, on a remis la manivelle sur le tour et on a fait pénétrer l'outil jusque dans la pièce primitive. Tout a bien tenu et la manivelle reparée aurait pu être remise en service, si on ne lui avait pas déjà fait supporter un essai précédent qui l'avait mise hors d'usage.

QUATRIÈME EXPÉRIENCE. — Soudure par amorce ou à chaude portée d'une barre d'acier 90 × 35 et d'une barre de fer de même section.

A l'essai, la rupture s'est produite dans le plan de la soudure, mais en arrachant une lame de fer de l'une des moitiés. Les surfaces des cassures sont très nettes et décapées.

CINQUIÈME EXPÉRIENCE, faite par M. LAFFITTE

Deux lopins de fer de 55×25×280 ont été séparés par une plaque Laffitte et chauffés à une température au-dessous de l'orangé clair.

La soudure a été faite au pilon et la barre obtenue a été aplatie à 25×65 en sens inverse et dans la même chaude, c'est-à-dire que la soudure a été contre-forgée à dessein. Aucune désoudure ne s'est manifestée.

Après cela, la pièce a été mise à l'eau pour s'assurer que le retrait ne nuit pas à la soudure.

Essais de la Fonderie Nationale de Ruelle

Une série d'essais favorables ont été exécutés à la Fonderie Nationale de Ruelle, en octobre 1883 ; ces essais ont consisté en soudures de : 1° *fer sur fer ;* 2° fer sur acier fondu ; 3° acier fondu sur acier fondu.

« En résumé, dit le rapport présenté sur ces épreuves, les plaques soudantes « présentées par M. Laffitte peuvent être employées avec avantage dans beaucoup « de cas, et, en particulier, dans la confection d'un certain nombre d'outils dans « lesquels on pourra remplacer par une mise de fer une partie considérable « d'acier qui reste improductive, les lames d'alésoir, par exemple. De plus, il y « aura lieu de s'en servir avec avantage dans les soudures délicates de fer sur fer, « bien que l'on doive, au moins dans ce cas, chauffer fortement les parties à souder.

« Leur emploi permettra, en effet, d'*avoir la certitude que la soudure sera aussi « bonne à cœur que dans les parties voisines de la surface.* »

A la suite de ce rapport, une circulaire ministérielle a recommandé à tous les établissements de la marine l'emploi des plaques Laffitte, et c'est ainsi qu'on en fait usage aux ateliers de Guérigny, pour le soudage des chaînes de fer, qui sont faites dans cet établissement avec une perfection qui n'est atteinte nulle part ailleurs.

APPLICATIONS

D'une façon générale, on peut dire que l'emploi des plaques est avantageux dans tous les cas, même pour le soudage du fer sur le fer, car il permet de réaliser sur le combustible et la main d'œuvre une économie qui est évaluée à 33 0/0.

Au lieu de ressuer les pièces, ce qui n'est possible qu'avec une forte consommation de charbon, il est préférable de les souder au rouge orangé avec les laques Laffitte, à plus forte raison doit-on recourir à l'usage de la plaque, orsqu'il s'agit de souder une pièce dont l'amorçage est difficile et dont le chauffage égulier est incertain.

De même, chaque fois que l'on veut souder du fer sur de l'acier, ou inverement, les plaques s'imposent. C'est ainsi qu'on doit les employer couramment, ans tous les ateliers de taillanderie, pour souder les parties tranchantes, aciérées ur les parties douces des outils, qui sont en fer.

Les *outilleurs* de tous les ateliers doivent en faire usage.

On peut citer à ce sujet les tranches employées dans les fonderies pour ébarber es pièces de fonte ou d'acier. Lorsque ces tranches sont *tout en acier fondu*, elles ont coûteuses et d'un emploi dangereux à cause des éclats qui se dégagent de eur tête, fatiguée par le martelage.

Au moment où les responsabilités, en cas d'accidents, retombent si lourdement ur les patrons, il convient de rappeler l'amélioration qui consiste à souder à *ueule de loup un grain d'acier* fondu dans une tranche dont le corps et la tête sont n fer doux ou en acier doux (fig. 17).

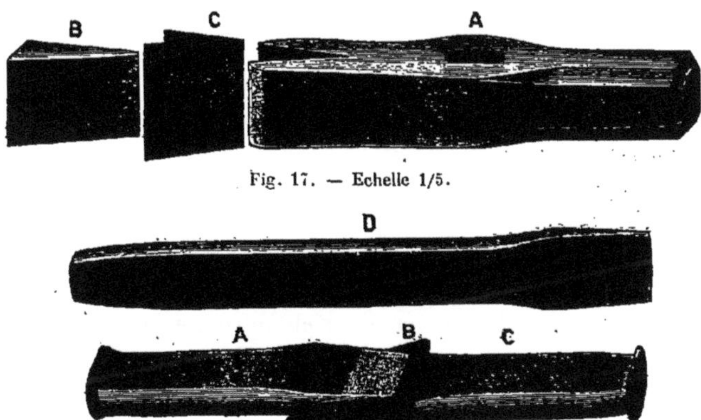

Fig. 17. — Echelle 1/5.

Fig. 18. — Echelle 1/5.

De deux burins usés on en fait un neuf en les soudant avec un petit morceau e plaque Laffitte, ainsi que le montre la figure 18.

Dans les ateliers de chaudronnerie, depuis surtout que l'on emploie le fer ondu à la place du fer pour la fabrication des chaudières, les plaques rendent de ignalés services.

Il est aisé de se rendre compte que si l'on se propose de souder la virole 1 (fig. 19), suivant sa longueur, qui peut atteindre plusieurs mètres, on éprouvera de grosses difficultés pour chauffer régulièrement au blanc éblouissant les parties amorçées en vue de la soudure et l'on pourra toujours craindre la dénaturation du métal, ce qui rend toute sécurité illusoire.

Par l'emploi des plaques, le travail est beaucoup facilité. On prépare les amorces, on les rapproche pour s'assurer de leur exactitude, puis, au rouge, on soulève légèrement la lèvre *A* et on introduit entre *A* et *B* un morceau de plaque à souder. On referme en martelant légèrement, et on soude en donnant une bonne chaude au rouge orangé. On évite de la sorte le martelage à très haute température, qui diminue beaucoup les épaisseurs, et l'on obtient, sans grands efforts, des soudures parfaites, ainsi que le prouvent les essais de pression effectués sur les chaudières soudées par ce procédé que la pratique a consacré.

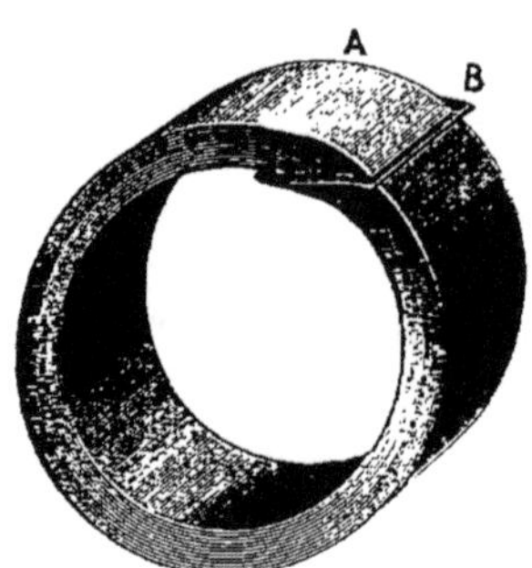

Fig. 19. — Echelle 1/10.

D'après les essais exécutés, en décembre 1883, à l'arsenal de Lorient, deux cylindres soudés avec les plaques Laffitte ont supporté à la presse hydraulique une pression de 20 kilos par centimètre carré, *sans la moindre fuite.*

D'ailleurs, les plus grands établissements de chaudronnerie sont tous consommateurs des plaques Laffitte.

Enfin, il convient de citer les tours de force que peuvent réaliser les forgerons d'habileté moyenne dont voici quelques exemples : souder un levier sur un arbre tourné sans altérer sensiblement les dimensions de l'arbre.

Rallonger un arbre en soudant *en bout* un nouveau tronçon.

Changer une dent cassée ou trop usée à un pignon de fer ou d'acier fondu.

A un point de vue particulier et non moins intéressant, on peut dire que la plaque à souder peut porter atteinte au développement de la fabrication des pièces d'acier moulé. Chacun sait les difficultés que présente souvent l'exécution d'une pièce métallique, lorsque ses formes trop compliquées s'opposent, soit au moulage, soit au travail de la forge.

Avec les plaques Laffitte, qui facilitent le soudage, il est très facile de décomposer en parties plus ou moins multipliées les modèles qu'on exécutait tout d'une pièce et de les souder ensuite, avec la certitude d'obtenir ainsi une sécurité aussi complète que s'il s'agissait d'une pièce de fonte venue du moulage ou forgée d'un seul bloc.

Il serait à coup sûr superflu d'insister plus longuement sur toutes les expériences qui prouvent surabondamment l'incontestable utilité des plaques Laffitte.

Il serait intéressant de suivre le développement des idées qui conduisirent M. Laffitte à la création de la plaque qui porte son nom, mais cela sortirait du cadre purement technique de cette étude.

Il sera cependant permis à l'auteur de ces lignes de dire que M. Laffitte a lutté avec une opiniâtre persévérance pour la réussite de son invention. Il a payé de sa personne, pour convaincre les nombreux incrédules qu'il n'a pas manqué de rencontrer; aucun scepticisme n'a pu résister à la brutalité convaincante de ses expériences.

CONCLUSION

Les explications techniques données dans les pages précédentes, les essais de toute nature corroborés par la faveur que leur ont accordée des praticiens, montrent que les plaques Laffitte sont d'une efficacité indiscutable, pour effectuer les soudures les plus difficiles.

Il a été prouvé aussi que l'emploi des plaques économise le combustible et facilite le travail.

Il importe de noter que la fabrication des plaques à souder bénéficie chaque jour des perfectionnements qu'y apporte M. Laffitte.

C'est ainsi que, tout récemment, M. Laffitte a imaginé des plaques à double et triple support, dont il a été question page 9; il prépare aussi des plaques à toile métallique plus forte ou plus fine, à réseau plus lâche ou plus serré et de toutes dimensions.

En un mot, M. Laffitte apporte toute son activité et toute son ingéniosité à l'étude de l'amélioration de ses plaques, afin de répondre à tous les *desiderata* des praticiens qui lui ont accordé leur confiance.

Fabriquées mécaniquement, les plaques sont d'une régularité parfaite et de dimensions toujours pareilles, ce qui permet un emballage soigné.

RÉCOMPENSES

Les premières plaques étaient livrées au commerce en 1879.

En 1881, M. Laffitte exposait à Tours et obtenait une médaille d'argent.

En 1882, à Bordeaux, à la suite de nombreux essais exécutés en présence d'un jury dont la composition était toute spéciale, il obtint une médaille d'or.

A l'Exposition maritime de Rochefort, le jury décerna aux plaques à souder un diplôme d'honneur.

En 1885, à Paris, à l'Exposition du Travail, après des expériences faites en présence du jury présidé par M. Paul Bert, un diplôme d'honneur fut attribué à ces mêmes plaques.

Enfin, à l'Exposition Universelle de Paris, en 1889, où M. Laffitte a fait devant les visiteurs de nombreuses expériences intéressantes, dont la réussite a beaucoup contribué à la propagation des plaques à souder, une médaille d'argent lui fut accordée.

A côté de ces récompenses, tangibles, pour ainsi dire, M. Laffitte a eu la satisfaction de voir son procédé de soudure se répandre jusque dans les pays les plus éloignés ; on expédie des plaques dans tous les pays.

www.ingramcontent.com/pod-product-compliance
Ingram Content Group UK Ltd.
Pitfield, Milton Keynes, MK11 3LW, UK
UKHW020406250726
13967UKWH00006B/2493

9 782012 885080